Andmat Etanol:

Andmat Biomassa Grown från Organiskt Avfall för att Ersätta Majs för USA och internationella Etanol Biobränsle Produktion

av Christopher Kinkaid

Solardyne.com

Published by Solardyne, LLC
Portland, Oregon

ISBN-13: 978-1500736071
ISBN-10: 1500736074

INNEHÅLLSFÖRTECKNING

Preface

Den minsta blommande växt, på jorden, är en av de mest kraftfulla och omfattande: andmat. Vanligtvis anses vara en olägenhet, andmat, efter noggrann undersökning, är en imponerande skörd, i foto värde.

Etanol, en bransch som domineras av Corn Industry (King Corn), står inför många utmaningar, inklusive stora vatten drar, stigande kostnader för gödsel, stora diesel räkningar och oavsiktliga effekter på livsmedelsmarknaden. Corn, som ett val för etanolproduktion, gropar mat kontra bränsle för jordbruksresurser, ökande spänningar mellan grundläggande marknader.

En idealisk källa för biomassa, för etanolproduktion, inte skulle vara ett livsmedel gröda, snarare ett slöseri-gröda.

Kung Corn, dominerar nuvarande inhemska etanolproduktionsmarknaden, värd miljarder, varje år. Stöds med Federal Farm Subventioner, värd miljarder dollar årligen, dikterar majsindustrin de amerikanska etanolmarknaden, med hjälp av majs som principen råvara gröda.

Vid en första anblick, majs, är ett udda val för etanolproduktion. Majs, började som en vild utsädesgröda, domesticerade av gamla mannen. Innan modern tid, tusentals år av selektiv avel, producerade en Corn rik på proteiner, och högt näringsvärde.

Modern Corn, har utvecklats för att gå "åt andra hållet", och minska Corn s Protein, och öka Corn s stärkelse (kolhydrater) produktion. Den "Stärkelse" i majs, används för etanolproduktion, och andra biprodukter, såsom majssirap, och Distillers Torkade spannmål och vattenlösliga (DDGS).

Andmat, är ett val för huvuddelen av biomassa, som erbjuder betydande fördelar jämfört med majs. Duckweed fördelar inkluderar, lägre energikostnader, lägre vattenresurser, lägre kostnader gödsel, kräver inte värdefull jordbruksmark, inte tävla i Mat marknader, har högre Stärkelse avkastning, per hektar. Andmat, i en kontrollerad miljö, kan odlas, året runt, och i olika lägen.

Corn, som en bulkkälla stärkelse produktion, konkurrerar med livsmedelsmarknaderna, drinks tusentals liter vatten, per gallon Etanol produceras, kräver stora diesel räkningar för att växa, och skörd, kräver stora mängder gödningsmedel, och lägre är näringsvärdet i Majs med flit, för att producera mer stärkelse, minskar proteinproduktion, och näringsvärde.

De marknadsmöjligheter för Duckweed, förflytta Corn är enorma. Fram som den andra generationens biomassa skörd, erbjuder Duckweed

den bästa vägen för att utnyttja den
Etanolproduktion marknaden, värd miljarder dollar.

Om Boken

Denna bok är skriven för att beskriva nästa generations råvara för etanolindustrin. Denna bok presenterar ett fall för att ersätta traditionella majs grödor, med andmat biomassa produktion från avfallsflöden. Fördelarna, till Duckweed, över Corn, är många, och kraftfull.

Kapitel Ett beskriver helheten i etanolproduktion. Det finns många vägar till etanol, från "Sugar" och "stärkelserika," växter. Corn, som odlas för stärkelse, är råvara för nuvarande etanolproduktion.

Kapitel Två utforskar Duckweeds, och hur de kan växa från näringsämnen, samt diskussion om andmat sammansättning i aminosyror, proteiner, lipider (oljor) och kolhydrater (stärkelse), som lämpar sig för etanolproduktion.

Kapitel Tre undersöker Etanol i helheten. Vattenförbrukning, gödsel, maskinell plantering och skördeteknik. Växter som odlas för stärkelse.

Kapitel Fyra tar upp allt, och med hjälp av majs som råvara för etanol. Frågor, av vattenbehov, genteknik, gödsling och skördeteknik. Konkurrensen med livsmedelsmarknaderna.

Kapitel Fem beskriver Etanolproduktion från Duckweeds. Tillväxtcykler, näringsbehov och skörd, närings manipulation.

Kapitel Sex undersöker värdet av organiska avfallsströmmar. Organiskt avfall, är värdefulla källor till fosfor, kväve, kalium, spårelement, och mikronäringsämnen. Reducerad till en in-organisk form, genom rötning eller naturlig bakteriell nedbrytning, organiskt avfall ger en stor resurs för energiproduktion.

Kapitel Sju tittar på andmat ekonomi. Gödningsmedel, vattenanvändning, fördelad tillväxt, nya näringsflöden öppnar en konkurrenskraftig miljö för utveckling av andmat Etanol.

Kapitel åtta undersöker globala likvida marknaden bränslen. Bensin, Flygbränsle, Dieselbränsle för byggande, jordbruk, lastbilstransporter, och allmänna användningsområden transport, flytande bränslen befaller en miljarder per dag på marknaden.

Kapitel Nio utforskar nutraceutical marknader för Duckweed proteiner och lipider. Special foder marknader och stora marknader som fisk, foul, och fodermarknaden.

Om Författaren

Christopher Kinkaid

Christopher (Toby) Kinkaid, ursprungligen från Portland, Oregon, är grundare av **Solardyne.com**, **SolarQuote.com** och **AlgaeToday.com**, och har arbetat i ren energiteknik i över tre decennier.

Kinkaid, är uppfinnaren av "Helyx" Vertical Axis Wind Generator, den "Mariposa" Non-imaging solkoncentrator PV-modulen (kontinuerlig drift vid Sandia National Laboratory sedan 1994), Solar Demultiplexer optiska sol koncentrera objektiv (Dr James / Sandia National Laboratory 1991), och uppfinnaren av den ursprungliga "Solar Power Pack" (Mother Earth News, "Littlest Utility" juni / juli 2001).

Kinkaid, har föreläst på ren energiteknik runt om i världen, inklusive "APEC" Bangkok, Thailand, 2003, "Energy Solutions World" Tokyo, Japan, 2003, Den internationella Biomass Conference (IBC), 2010,

Minneapolis, MN, och algbiomassan Organization (ABO) konferens 2010, Phoenix, AZ.

Christopher (Toby) Kinkaid, har dykt upp i intervjuer på KOIN TV, KGW TV, och "Hållbar dag" som produceras i Oregon, och har suttit i styrelsen för National Hydrogen Association, i Washington DC, 1993, den Japan satellitkommunikation Företag (JCNET), Fukuoka, Japan, 1994-1995, och Algaedyne Corporation, St Paul, MN, 2010-2013.

Kinkaid, fungerar idag som VD för Solardyne, LLC i Portland, Oregon, där han fortsätter sitt arbete i sol, vind och biomassa tekniska tillämpningar, forskning och utveckling.

Inledning

Etanol är en alkohol som framställs sockerarter. Jäst (Saccharomyces cerevisiae), som med alla fermenta, används för att mata på Sockerarter, producera CO_2-gas, och etanol. Etanol kan tillverkas av många olika växter, så länge du sluta med enkla sockerarter.

Om du inte har sockerrika växter, såsom sockerrör eller sockerbetor, kan du använda "sekundära" växter som råvara, så länge de är "stel".

Den amerikanska etanolindustrin, till stor del baserad på majs, använder majs, som en indirekt källa till socker, genom att först odla stärkelse.

Majs, inte en särskilt söt växt, används av nuvarande industriella intressen med "engineering" corn att vara mer "stärkelserika," faktiskt sänka näringsvärdet genom att minska proteinproduktion.

Genteknik, under det sista halvseklet, har avsiktligt, konverterade stammar av majs för att sluta omvandla proteiner, och att stärkelse i stället.

Engineering majs, att förlora protein, (till stor del värdefulla molekyler), och ersätta dem med "stärkelse," en mycket mindre värdefullt molekyl, verkar konstigt, vid första anblicken.

Varför skulle industrin vill konvertera majs till etanol?

Stärkelse, det visar sig, kan förvandlas till socker, med ett mellansteg (Försockring). Stärkelserika växter, rika på kolhydrater, som potatis, spannmål och rötter, kan omvandlas delvis till socker med hjälp av ett speciellt enzym (alfa-amylas). Denna speciella enzym, livnär sig på stärkelsen, och producerar CO_2-gas, och sockerarter. Stärkelse, förvandlas till socker, med detta enzym, sedan jäses med jäst, i den urgamla processen, och Etanol produceras. Majs, går från Starch, till socker. Då, socker, till alkohol.

Finns det en annan väg att Etanol?

Eftersom vi vet att vi kan använda en "mat" grödor för etanolproduktion (majs), kan vi använda en "Non-food" gröda istället?

Ja. Det visar sig, kan du använda alla växter som du önskar, om det uppfyller dina krav på "starchiness" för dessa ändamål. Frågan väcker: vad är de bästa anläggningarna att använda?

Etanol från andmat erbjuder en väg som är ekologiskt är baserad. Duckweeds förmåga att upptag näringsämnen, från "förorenade" källor, med mindre vattenförbrukning, mindre maskiner som krävs för skörd och bearbetning, och vuxit från distribuerade källor såsom djurfoder partiverksamhet, erbjuder betydande fördelar för växande Duckweeds, som biomassa för etanolproduktion.

Kapitel Ett - Biobränslen Versus Fossila Bränslen

Den moderna industriella ålder, från den första industriella revolutionen och med i dag, befogenheter på fossilbränslen.

Fossil-bränslen, diktera en värld av "måsten" och "Have-nots," från det enkla faktum dessa material är inte jämnt fördelade i världen.

Problemet med förbränning av fossila bränslen, för baslast el samt transport energi, i industriell skala, är gifter, och ojämlik tillgång för medborgarna i hela världen.

Vår civilisation, från 1: a industriella revolutionen, med koleldade ångmaskiner, genom i dag, har drivs av Heat-Motorer, och deras ständigt ökande hunger eller törst, som bränsle för att brinna.

Förbränning, per definition, vid alla temperaturer, annat än det extrema, orsakar partiella förbränningsprodukter, som producerar en koncentrerad utsläpp av giftiga ångor. För varje 1 kilogram kol bränns, åtminstone 2,2 kg CO_2-gas bildas. För varje ton kol bränsle förbränns, såsom kol, är mer än 2,2 ton CO_2-gas som bildas och släpps ut i biosfären.

Förbränningen av fossila bränslen Kol, binder syre i atmosfären, med kol som producerar stora mängder CO_2, NOx, SOx, partiklar och andra delvis förbrända kolväten, syror, och även strålning (från koncentrerat kolaska).

I hela världen finns miljontals ton per dag, av Kolbaserade bränslen förbränns, som producerar en bred distribution av kritiska ingångar i miljön. En massa, dessa utsläppskällor bidrar miljoner ton giftiga utsläpp, varje dag, för att stödja vår nuvarande civilisation.

Det finns en stor risk i över betona ekosystem och arter, för snabbt. En berömd biolog sade en gång

"Art, när du är stressad, antingen anpassa sig, eller dö."

Vår civilisation är vid ett vägskäl

Inte allt kol är densamma

Ancient resurser kol, kol, olja, naturgas, alla tog miljontals år att bilda. Men vår civilisation bränner dem för ett ögonblick makt.

Det finns två "typer" av kol på jorden. Ancient Carbon, och nuvarande Carbon.

Ancient Carbon, bildades under miljontals år från biomassa som produceras från gamla soldrivna fotosyntes. Genom djup tid, dessa organiska material, begravda, och utsätts för stora påfrestningar, och temperaturer, producerar våra dagens fossilbränslen.

Fossila bränslen, formades i en "Guldlock" situation. Tryckkoka organiskt material för länge, du får kol. Tryck cook organiska alltför kort tid, och du får Shale. Tryck kock organiska, helt rätt, och du får olja.

Bortsett från de geopolitiska spänningarna, i ett land som har mer "tillgång" till fossila bränslen, framför en annan, är det största fysisk fara toxicitet.

Högre livsformer (mer komplexitet), såsom havsdäggdjur, djuphavsfisk, och människor, kanske, är alla uppvisar den karakteristiska av "bioackumulering." Det mest skrämmande ord i det mänskliga språket, bioackumulation, tendensen av högre livsformer att ackumulera toxiner.

Att basera en civilisation på fossila bränslen, presenterar ett scenario av toxicitet, mättnad, och kollaps. Toxicitet är oförlåtande. Den största faran som presenteras av fortsatt beroende av fossila bränslen, på global nivå, är toxicitet-inducerad biologisk kollaps.

Etanol är ett försök att ersätta flytande bränslen transporter, med hjälp av grödor som råvara.

"Närvarande" Kol är Kol används i "hydrosfären," cykler som involverar atmosfär och oceanerna. Kol, "fast" i molekyler av livet, genom fotosyntesen, dra kol från CO_2 i atmosfären. Växter, när de konsumeras, eller brännas, släpper detta Carbon tillbaka till atmosfären som ska återvinnas igen.

Carbon-Neutral, utformning målet, är att köpa kol från atmosfären (odling av växter), genom att "fixa" kol (Carbon Fixation). Sourcing Carbon, från atmosfären, som växter gör, tillåter CO_2 som produceras, när de konsumeras, eller brännas, för att återföras till atmosfären. Detta är koldioxidneutral. OBS: Det finns ett ständigt utbyte mellan atmosfär och hav.

Etanol kan framställas, från någon socker eller stärkelse (med ett steg), och kan använda många växter, som råvara biomassa. Etanol som produceras från Duckweeds, erbjuda en verklig förbättring av produktiviteten biomassa, och användbarhet, att lindra organiskt avfall och producera Etanol bränsle, foder och gödningsmedel.

Etanolproduktionen, med hjälp av majs, eftersom principen källa "Stärkelse" erbjuder stora möjligheter för en ny jordbruksteknik för att flytta in i etanolproduktionen marknaden. Duckweeds, eftersom kapitlen nedan kommer att beskriva, erbjuda fördelar jämfört med majs och andra grödor biomassa, för produktion av ekologiska bränslen, feeds, och gödselmedel.

Kapitel Två - andmat
Anläggningen

The Plant kungariket driver livet på jorden, som "motor" för syre och näring. Utan växter, behöver vi inte äta eller andas. Basen i näringskedjan, på jorden och i haven, är autotrophs. Växtriket på jorden, är den främsta motorn producerar syre, och Base Näringsämnen, som är allt liv på jorden ihållande.

Livet på jorden, drivs av oxygenic fotosyntes. Konvertera, i organiska mineralsalter, CO_2, vatten och utvalda våglängder i solljuset, fotosyntetiska organismer gör den otroliga: syntes socker, kolhydrater och proteiner, från i-organiska material.

Andmat, den enklaste och minsta blommande växt, växer över hela världen i sött, bräckt och salt vattendrag. Föredrar tropikerna och subtropiska regioner, andmat också blomstra på högre breddgrader, vanligt under sommarmånaderna så långt norrut som Kanada. Duckweeds, har utvecklats till att trivas i "eutrofierade" vattenförhållanden och närvarande nästan en "super-anläggning" förmåga att upptag näringsämnen från bräckt vatten källor.

Autotrophs och heterotrofa

I huvudsak finns det två typer av "liv" på jorden (över 99,99% av massan): autotrophs och heterotrofa.

Heterotrofa, liksom vi, behöver äta, att få viktiga näringsämnen. Utan att äta, kolbaserade molekyler för näring, heterotrofa, (inklusive alla insekter, fåglar, fiskar, reptiler, groddjur och däggdjur (människor) kan inte överleva.

Autotrophs, (växtriket), däremot, gör det märkliga, med "tillverkning" sin egen "mat" direkt från utvalda solenergi våglängder, mineralsalter, spårelement, CO_2 och vatten.

Fotosyntes, med hjälp av primära pigmentet, klorofyll, är makt mull Food webben, och är den viktigaste processen upprätthålla alla former av liv. Oxygenic fotosyntes, oxiderande vatten, och minska CO_2 i glukosmolekyler, släppa syre i processen, bränslen vår naturliga värld.

Från växtriket (autotrophs), alla grundläggande molekyler i livet, bland annat aminosyror, proteiner, lipider (oljor), kolhydrater och komplexa molekyler som enzymer, antioxidanter, är alla skapade av fotosyntes. Andmat, är en fantastisk utförande av fotosyntesen omvandlar i-organiska molekyler, i organiska föreningar, med otrolig hastighet.

Växande andmat

Andmat, är den minsta blommande växter på jorden, och flyter på vatten. Den enorma värde Duckweed, är dess förmåga att extrahera och konvertera "mineralsalter," och andra oorganiska material, löst i vatten, genom fotosyntesen, att producera andmat biomassa. Fördubbling i massa, beroende på förhållandena, i cirka 48 timmar, är andmat en imponerande livsform.

Vattenväxter har skördats för djur och livsmedel i tusentals år, och Duckweeds har en lång historia med människor.

Ett antal vattenväxter, erbjuder överlägsen näringsvärde, och är (var) skördas hela mänsklighetens historia. Skörd gratis flytande växter såsom vatten sallad, (Pistia), Azolia, vattenhyacint (Eichhcornia), och andmat (Lemna), har visat sig vara en stor källa till vitamin A, spårämnen, antioxidanter och aminosyror.

Eftersom de flesta vattenlevande arter, Duckweeds, är mycket känsliga för sin uppväxtmiljö, och kan vara "stressad" (selektiva tillväxt protokoll), för att producera antingen större mängder av proteiner, eller stora mängder kolhydrater (stärkelse), beroende på odlingsbetingelser .

Duckweeds, i allmänhet, då torkas och mals, visar sig innehålla ungefär 1/4 protein, 1/3 Kolhydrat (utmärkt för stärkelse för att byta till socker för jäsning), och nästan 1/6 Lipider (beroende på växande media som används).

Lipider, rik på Omega III och VI, är oljor värderas högt i nutraceutical, djur, fisk, fjäderfä och människoföda marknader är andmat en stor källa till dessa viktiga lipider. Duckweeds, producera essentiella aminosyror, mycket uppskattad i nutraceutical marknader.

Duckweeds, kan "påverkas" genom att justera N: P: K-förhållanden i tillväxtmedier, samt halter av ammoniak, som gör kväve tillgängligt för andmat. Andmat, för att odla biomassa, kan påverkas att producera så mycket som 75% (torrvikt Mass) Kolhydrater (stärkelse och socker).

Andmat, har ett idealiskt kemiska sammansättning för tre stora industrier: foder, bränsle och gödsel

Andmat odlas i en kontrollerad miljö, producerar en överlägsen källa till stärkelse, med rätt kost hantering, och gör fallet för övervägande som den 2: a generationens råvara för etanolproduktion.

Duckweeds, är små bräckliga, fria flytande vattenväxter, och växer bäst i stillastående, grunt vatten med förhöjda N: P: K nivåer. Dessa egenskaper gör Duckweeds, en livskraftig kommersiell biomassa skörd för behandling av avloppsvatten och produktion av hög halt av stärkelse för bearbetning till Etanol bränsle.

Duckweeds tillhöra fem släkten; Spirodela, Lemna, Landoltia, Wolfia och Wolffiella. Av dessa släktet, är nästan 38 arter (taxa), känd över hela världen.

Alla arter av andmat, har något tillplattad, ovala "ormbunksblad" från 1 mm till nästan 9 mm i diameter, beroende på art, och reproducera sig asexuellt och sexuellt. Fritt flytande, enkla blommande växter, vissa arter av andmat utveckla grunt rotsystem som hjälper växten att absorbera näringsämnen, och vissa forskare rapporterar, hjälper till att stabilisera anläggningen i vattenmassan. De fonds av Spirodela, och Lemna, är platta, ovala och liknar blad. Plump och gasfyllda, för flytkraft i vattnet, andmat växer bäst på ytan, eller väldigt nära vattenytan.

Duckweed arter finns ofta att samexistera med varandra, och finns över hela världen i naturliga dammar, sjöar, vattendrag, inklusive bräckt och saltlösning pooler.

Andmat, har framgångsrikt odlats i vattentemperaturer mellan 6-33 grader C. Optimala temperaturer, verkar vara nära 30 grader C. Den vattenkemi, eller tillväxtmedier som används är avgörande ur ett pH-synpunkt. Andmat, växer mellan pH 5-9, men växer bäst under ett intervall mellan 6-7.5 pH. Optimalt pH-nivåer mellan 6,5 och 7.

Obs: en utmaning för växande Duckweed, i grunda dammar, är att hålla temperaturen konstant, och i önskade intervall. Stor försiktighet bör vidtas, att designa din kultiveringsmetod för att hålla alla parametrar i optimala intervall.

Andmat, är ett mineral, och heavy metal svamp. Används, eftersom den "kanariefågel i gruvan ', Duckweed prover används ofta som mått på vattenkvaliteten. Duckweeds, förmåga att ta till sig, och upptag av tungmetaller, makro och mikronäringsämnen, är ett tveeggat svärd.

Duckweeds, upptag N, P, K, Zn, Sr, Co, Fe, Mn, Cr, Cd, Cu, Pb, Au och Al. Analysera din källa vatten för profiler.

Används i vatten, och avfallshanteringsanläggningar, andmat används till bränsle, kan användas för att absorbera ur balans näringsämnen (N: P: K), av vattensystem, vilket ger en fördel (och inkomstkälla). Notera: Duckweed, används för nutraceutical marknader, behöver övervaka käll vatten för tungmetaller.

Som för de flesta växter, andmat, behöver många näringsämnen och mineraler för att växa snabbt och i rätt balans. I naturen, långsamt ruttnande organiskt material, attackerad av oxygenic bakterier i vattnet, ger en stadig ström av näringsämnen, och andmat, har utvecklats för att maximera denna fördel.

Växande Andmat, kommersiellt, kräver viktiga element som skall balanseras i tillväxtmedier. Exempelvis följande kompilerade koncentrationer, har befunnits vara fördelaktigt, som en hög tillväxtmedia kan blandas. Duckweeds, absorbera, konvertera, och samla näringsämnen från källan vatten till biomassa.

Följande tabell granskar koncentrationer som uppnås med andmat:

Beståndsdel
Växande Medium

Element	Growing Medium (mg/l)	Duckweed (mg/kg Dry Mass)
Nitrogen	0.72	59,000
Phosphorous	0.32	5-14,000
Potassium	99	39,100

Element	Growing Medium (mg/l)	Duckweed (mg/kg Dry Mass)
Calcium	357	10,000
Magnesium	74	5,900
Sodium	247	3,240
Iron	99	2,390

Andmat, är mycket fördelaktigt för högre livsformer, med en komplett aminosyra profil. Ett prov specifik komposition av andmat (aminosyror) beskrivs nedan (torrviktprocent):

Komponent
Lemna
Soybean
Råprotein

Component	Lemna	Soybean
Crude Protein	27%	43%
Lysine	3.5%	6.5%
Histidine	1.6%	2.4%
Aspartate	-	-
Arginine	5.1%	7.2%

Component	Lemna	Soybean
Threonine	4.2%	3.8%
Serine	-	-
Valine	5.8%	4.5%
Methionine	1.5%	1.1%
Leucine	7.7%	7.6%
Isoleucine	4.2%	4.4%
Tryptophane	4.1%	3.5%

Duckweeds, är rika på aminosyror. Detta protein profil är värdefullt att fiska, och fjäderfäuppfödarna, som behöver näringstillskott i fodret. Fisk dieter, saknar ofta viktiga aminosyror. Forskning och långa praxis växer andmat i Vietnam, till exempel, har hittat Duckweed, lämplig för upp till hälften av foderkraven.

Andmat kan odlas med en källa av näringsämnen, vatten och solenergi. Förbättring av produktionen uppnås i naturen, noggrann odling av andmat, i en kontrollerad miljö, kan uppnå högre utbyten.

Duckweeds, kan "manipuleras" i tillväxtfasen, för att maximera produktionen av särskilda element. Tillväxt protokoll för att öka Proteiner, eller öka kolhydrater (stärkelse), dikteras av din växande cykel, och hur du "limit" vissa näringsämnen.

Duckweeds, är en skatt motor av produktiviteten. Den utbredda kommersialiseringen av Duckweeds, pois Duckweeds att erbjuda ett lönsamt val i Etanol biomassa råvaror.

Kapitel Tre: Etanol det Big Picture

Etanol är en alkohol som framställts genom destillation. Att gå tillbaka så långt som vi ansåg oss mänskliga, är destillering en av de äldsta mänskliga konsterna. Fysiska bevis för destillation datum till mesolitiska, och förmodligen sträcker sig tillbaka till den paleolitiska.

Etanol, (etyl-alkohol) fermenteras från Socker, som kan användas direkt, eller härstammar från stärkelse.

I modern tid, destillering, som används för bryggning, och sprit industrin producerar miljarder liter sprit, och det är denna grundläggande process, som används i Etanol världen.

Corn produktion, har dominerat etanolindustrin, säkra ekonomisk subvention, eftersom principen råvara för etanolproduktion i USA.

Corn, som odlas för etanolproduktion (vanligtvis gul majs), odlas, huvudsakligen, för stärkelse. I vått-mill process, en förbehandling separerar stärkelsen komponenter från proteiner och lipider. Efter jäsning, (proteinerna är i stort sett oför påverkas under jäsningen), den Etanol destilleras och separeras. Den återstående "Vinasse" producerar en kondenserad majssirap (vätskor) och torkades Destillerat korn, och vattenlösliga (DDGS).

Etanol kan framställas av någon "söt" eller "stärkelserika" anläggning. Och, valet av anläggningen, som används för etanolproduktion, kan lokaliseras för att ta fördel av lokala mikroklimat. Sockerbetor och sockerrör, växer bra i tropiska områden. Potatis och Rotfrukter växter växer bra i måttliga, och svalare klimat. Men i USA har Corn varit den dominerande "råvara" för att odla stärkelse.

De vattenlevande arter, andmat, i den populära folkspråk, växa över hela världen från tropikerna, under tropikerna, och till högre breddgrader under sommarmånaderna. Andmat, är allestädes närvarande i hela världen, är ett utmärkt val för kommersialisering. En kontrollerad miljö, lämplig för kommersiell odling, ger ökad avkastning för att kompensera för investeringar i hårdvara. Kontrollerade miljöer ökar dramatiskt Stärkelse produktion per hektar odlad, och skulle möjliggöra produktion under hela året.

Majs, kan bara planteras en gång per år. Majs, med en genomsnittlig tillväxt cykel av 120 dagar, tillåter endast en gröda som skördas per år. Prime jordbruksmark, kan bara vara produktiv 1/3 av året.

Andmat produktion, med hjälp av kontrollerade miljöer, på olönsam mark, skulle ge en året-runt produktion, och producera många gånger fler Stärkelse avkastning, än enstaka mono grödor av majs.

Etanol, en destillerad process, kan anskaffas med en mängd olika växter.

Ersättnings råmaterial, som ofta kallas den andra generationens drivmedel, kommer inte att baseras på majs, men på vissa grödor, som förskjuter Corn.

För att tränga undan Corn, kommer andra generationen Råvara behöver ta ekonomisk hävstång för att bära. Tränga majs, eftersom den princip råvara, kräver demonstration av livscykel, ekonomi.

Etanolproduktion, är baserad på fermentering av sockerarter. Sockerarter, kan härledas från stärkelse genom tillsats alfa-amylas-enzym.

Majs, har blivit den dominerande råvaran i den amerikanska etanolindustrin.

Denna bok är skriven, för att göra så att primärEtanolProduktion, börjar skifta från majs, till Duckweeds, som primär råvara gröda.

Konkurrensfördelar till andmat över Corn

Majs är ett livsmedel gröda. Andmat, är en icke-livsmedelsgrödor. Livsmedelsgrödor, som används för bränsleproduktion, alltid sätta oönskad press på livsmedelsmarknaden. Ökad efterfrågan ökar priserna.

De senaste erfarenheterna med snabbt stigande "Yellow" majspriserna, hade dramatiska marknader för majstortillas i Mexiko. Andmat, som är en icke-livsmedelsgrödor, skulle ha någon inverkan på livsmedelsmarknaden. Stigande efterfrågan på majs, som används för livsmedel, alltid kommer att skapa en marknad för majsproducenter.

Majs, kräver tusentals liter bevattningsvatten per gallon etanol produceras. Andmat, kräver, beroende på odlingsteknik, och grå-vatten återvinning, cirka 100 gånger mindre vatten, per gallon etanol produceras. Duckweeds, som sådan, inte kräver stora bevattning, och, i kontrollerade miljöer, omfattas inte av den massiva "avdunstning" förluster, genom stora bevattning av majs står inför.

Corn, som används för etanolproduktion, typiskt, kräver gödsel. Gödsel, vanligen härrör från fossila bränslen, presentera ökande kostnader för majs bönder. Även fossila bränslen gödselmedel, öka "Carbon Footprint" av traditionella majsbaserad etanol.

Duckweeds, får sin bulk näring, från avloppsvatten avrinningen från en mängd branscher som producerar organiskt avfall. Mejeri, Hog, fågel och fisk gårdar producerar enorma mängder organiskt avfall, väl lämpade för andmat "gödse.l" Duckweeds otrolig förmåga att upptag näringsämnen från vattenströmmar, producera en "Resultat" stream, som bioremediering är en erkänd bransch.

Majs, kräver många "passerar" över landet genom stora mekaniserade maskiner, för markberedning, sådd, gödsling och skörd majs grödor. Traditionell majsodling, presenterar bönder med stora "Diesel" bränslekostnader och ytterligare ökningar av koldioxidutsläppen från majsbaserad etanolproduktion.

Duckweeds, inte kräver, stor, eller mäktig, utrustning. Kontrollerad miljö, ofta gravitation utfodras, ger mycket lägre energibehov, i odling och skörd aktiviteter. Traditionella kostnader diesel, presentera en annan variation till majsproduktion.

Att minska bränslebehovet för stärkelseproduktion, ger Duckweeds annan stark ekonomisk fördel, i konkurrens med majs.

Majs, efter att ha mognat under de senaste två decennierna, inte kan undgå de grundläggande marknadskrafterna. Subventioner, fortsätter att stötta upp majsproducenter. De systemiska fördelar Duckweed, snart hittar ett brohuvud.

Stora AG branscher såsom Mejerier, ost fabriker, Hog, fågel och fisk gårdar, för att nämna några, har enorma värden i sina avfallsströmmar, under, eller icke-utnyttjade. Produktionen av andmat-baserade biomassa, från dessa avfallsströmmar, utgör en enorm marknad möjlighet för dessa AG operationer.

Kapitel Fyra: Etanol från majs

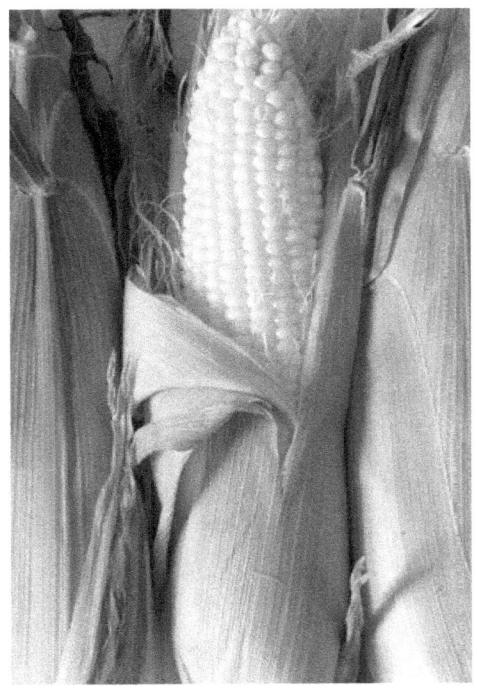

Etanol, från majs, har en begränsad framtid. Andra generationens grödor som råvara, kommer online, utgöra ett potentiellt hot mot Corn dominans. För närvarande Duckweeds, erbjuda en tydlig gröda val som skulle ersätta Corn industri.

Corn, som råvara för etanol, presenterar flera frågor för en hållbar tillväxt, och däri lys potentialen för en "störande lantbruksteknik", som presenterar mer mervärde, med lägre kostnader, för att komma in och förändra den grundläggande råvaran för US Etanolproduktion: majs.

Möjligheten för Andmat att flytta in är överväldigande, och kommer att visa sig vara motstånd, omfamnade då, eftersom marknadsandelen utvecklas, och systemisk fördel Andmat komma att bära.

Corn, som råmaterial för destillation, uppvisar flera nackdelar.

Vattenresurser

Corn, som odlas för Stärkelse, drycker enorma mängder vatten, i jordbruksbältet.

USDA uppskattar att 3.000 liter vatten krävs för varje 1 liter etanol produceras från vattna grödorna, om dessa grödor är majs. Vatten, också konsumeras i

Etanol destillation, med några grå-vatten återvinning, kräver ytterligare vatteningångar. Vattenförbrukningen i destillation varierar, men branschgenomsnittet varierar runt 2,5 liter vatten per Gallon Etanol som produceras, i jäsning och destillering.

Vattenresurser, som används för grödor vattning, är den största konsumenten av vatten i majsgrödor. Produktionen av 1 miljard liter etanol från majs, kräver 3 biljoner liter vatten för grödor konsumtion.

Genetic Manipulation av Corn att begränsa protein

Genetiska modifierade organismer (GMO) dominerar valet stammen process Corn planteras i hela Mellanvästern. Monokulturer, i allmänhet, och speciellt för Corn tillväxt, förstöra görande mångfalden riskerna av invasiva arter, och skadedjur.

Proteiner, minskar i Modern genteknik av majs, minskar näringsvärdet systemiskt, vilket orsakar en minskning av netto mervärde av Corn Farmer.

Vattenpumpning är energiintensiv. Varje livscykelanalys av Corn baserad etanol, även måste omfatta energikostnaderna, för bevattning pumpning, traktor markberedning, gödsling, sådd och skörd.

Gödselmedel

Moderna Corn odlare, när växer för framställning av stärkelse, vanligtvis använder gödsel, vilket ökar kostnaderna.

Gödningsmedel, som härrör från fossila-bränslen, ökar kostnaderna för Corn produktion, och öka den lokala föroreningseffekterna av avrinning till naturliga vattendrag.

Behovet av att gödsla Corn-baserade monokulturer eller mono-grödor utarmar jorden av viktiga näringsämnen, och när fossilbaserade gödselmedel används, ger det en ond cirkel av fortsatt behov.

Diesel Bränsleförbrukning

Växande Majs, kräver lantbruksmaskiner. Traktorer, bruka jorden, sprida gödsel, sprida säd, skörd, och bruka jorden igen. Det tar en hand full av passager, över varje tunnland odlad majs, av lantbruksutrustning, tung utrustning, att dricka diesel.

Fråga Jordbrukare, vad deras Diesel bränslekostnader är varje år, om du vill se en man förvandlas till ett spöke.

Food Market Påfrestningar

Gul majs är konstruerad för att vara stel för Etanol, och majssirap marknaderna.

Tyvärr, med hjälp av livsmedelsgrödor för bränsle, orsakar priserna på matmarknader att spika uppåt, eftersom mer efterfrågetrycket appliceras med etanol konsumenter.

Ökat tryck på livsmedelsråvarumarknaderna, är en olycklig effekt av att välja Corn som bränsle råvara.

Mest Etanol, destillerad i USA, kommer från majs.

Corn, kan behandlas, till etanol och andra produkter genom att använda antingen våt eller torrmalningsmetoder.

I den torra slipat tillvägagångssätt är hela majs kärna finmald in "Corn måltid." Vatten, tillsätts till mjöl för att bilda en uppslamning, eller "mäsk".

Speciella enzymer (Amylas), läggs till Mash, att konvertera Stärkelse (Kolhydrater polysackarider), till enkla sockerarter (vanligtvis dextros).

Den amylasenzym, används i den mänskliga kroppen, i både saliv och i bukspottkörteln.

När du tuggar en stärkelserik mat, som potatis, kan du smaka en lätt sötma i slutet av tuggning.

Den Amylas, i din saliv, har redan börjat att bryta ner stärkelse till enkla sockerarter, som du kan upptäcka med dina smaklökar.

I våt-fräsning, majskorn, är dränkta i en utspädd lösning av svavelsyra för att bryta upp biomassan till komponenter.

En gång, blöt, och jord, majskorn bryta ner i beståndsdelar molekyler, som består av råa proteiner, stärkelse och lipider.

Våt fräsning används för att bryta ner majs i komponenter, och separera dessa komponenter för olika marknader.

Stärkelse, tas bort för Etanol behandling, medan andra produkter, såsom majsolja, och DDGS tas bort, och säljs, i fodermarknaden.

Värdefull jordbruksmark

Majs, odlas på de mest värdefulla jordbruksmark i USA. Kan odla många olika grödor, jordbrukare som odlar majs, som odlas här mono-grödor för framställning av stärkelse.

Duckweeds, kan odlas på alla typer av mark, som är en vattenlevande arter. Marginell mark, är mest lämplig, för andmat odling, och presenterar en annan stor fördel jämfört med att odla majs.

Kapitel Fem - Etanol från Andmat

Etanol, en alkohol, kan destilleras från någon "sugary," växtkälla.

Om du inte har en "söt" anläggning, kan du börja med en "stärkelserika" anläggning, och konvertera mäsken till socker, med hjälp av speciella enzymer (alfa-amylas). Målet för alla jästa produkter, är att börja med en socker biomassa, även om du började med "stärkelserika växter" för att komma till sockerfasen. När du har socker, kan du jäsa.

Etanol, från Duckweed, kommer att följa ett liknande kemisk väg, som används för Corn.

Andmat kan odlas från avloppsströmmar (inget behov av gödsling), och odlas för att producera stärkelse komponenter för skörd. Andmat, utbyten av torrvikt, per hektar, per växande år varierar med plats, och ledning. Typiska Duckweed avkastning, i genomsnitt ca 15 ton torrmassa per hektar, per år.

Andmat, kan bearbetas till dess tre huvudkomponenter i en process som inbegriper mosning och slipning andmat biomassa och awattning. En gång har andmat malts, och avvattnas, en centrifug, kan användas för att separera olika material som finns i mäsken, för skörd.

Centrifugen accelererar mäsk, inuti rotorn, till mycket höga hastigheter. Centripetalkrafter, inuti rotorn, bringa de olika densiteter, av material, för att separera i skikt, varvid det yttre skiktet det tätaste. Proteiner, är i allmänhet tyngre än kolhydrater. Kolhydrater, är i allmänhet tyngre än lipider (oljor).

Etanol kan produceras utnyttja den approximativa 75% torrvikt av andmat som kolhydrater (stärkelse) lämplig för enzymminskning till socker. OBS: ordentlig växtmedier manipulation krävs för att nå dessa höga stärkelseinnehåll.

Sockerarter, enzymatiskt härledda från Duckweed Kolhydrater, kan destilleras till etanol, med användning av en ålder gamla processen av Jäst jäsning (Saccharomyces cerevisiae).

De återstående proteiner och lipider, kan separeras, och säljs till djur, fjäderfä och fisk fodermarknaden.

Torrvikt värde av proteiner, varierar med marknaden, men kan approximeras på $ 1.200 per ton (grossist), dock varierar detta värde med marknadsräntorna.

Duckweeds, är vattenlevande arter, och kan odlas på olönsam mark. Duckweeds, upptags näringsämnen från avloppsvattenflöden. Duckweeds, kan odlas manipuleras för att öka proteiner eller kolhydrater för etanolproduktion.

Duckweeds, kräver hundratals liter vatten, per gallon av etanol som produceras, än majs bevattning.

Duckweeds under tillväxtprotokoll för att öka stärkelseproduktion, kan producera många gånger mer stärkelse per hektar, än majs.

Dessa fördelar, lägga till upp till en konkurrenssituation för Duckweeds, i konkurrens med Corn grödor för etanol.

Forskare, rapporterar olika takt för omvandling av biomassa till etanol, som bygger på detaljerna i deras näringsblandning, växtcykel, begränsning av specifika näringsämnen, vid strategiska tidpunkter och frekvens för skörd.

Etanolproduktion från Duckweed biomassa, har nått 0,5 gram etanol per gram Duckweed stärkelse. Duckweed stärkelse, är mest lämpade för etanolproduktion, och representerar ett stort steg i hållbarhet.

Kapitel Sex - andmat Etanol Economics

Etanol som produceras med andmat biomassa, styrs av samma ekonomi, alla etanolproducenter står inför, med vissa undantag, och fördelar. Supply och Demand, är ingen liten sak i Duckweed Etanol ekonomiska bilden, och erbjuder flera fördelar till andmat biomassa, i konkurrens med majs.

Andmat, har flera strategiska fördelar, över Corn, som ett råmaterial, inklusive mångfalden av källa, lindring av avfallsflöden, hög halt av stärkelse per hektar, CO_2 Carbon skattelättnader, Carbon produktion skattelättnader, Protein biprodukt lämpligt för fodermarknaden, Etanol subventioner, och naturligtvis, värdet av bränslet på den öppna marknaden.

Andmat kan odlas i kontrollerade miljöer, som producerar sex gånger Starch densitet Corn. Andmat kan anskaffas, (Grown) någonstans i USA finns det organiskt avfall, med korrekt konstruerad växande apparat.

Andmat, kräver inga traditionella näringsämnen från att köpa "gödsel." Endast näringsämnen "balansera" krävs för andmat odling kommersiella. Andmat, växer i vatten, men mycket grunt vatten. Andmat odlas i kontrollerade miljöer kan återvinna nästan 90% av grått vatten för vidare odling, vilket kraftigt minskar de vattenresurser som krävs.

Andmat biomassa kan produceras med flera inkomstströmmar, som inte uppskattas av Corn. Intäkter från mildra avfall, ytterligare intäkter från koldioxidskatt, och produktionskrediter, på grund av fördrivna förbrukning av fossila bränslen.

Andmat, men ätbara, inte anses vara en "mat" gröda, som sådan, skulle ha några oönskade effekter på livsmedelsråvarumarknaderna.

Majs, i USA, växer bäst i Mellanvästern regionen. Andmat, i närvaro av organiskt avfall från djurgårdar och CAFO operationer, kan odlas i alla 50 stater. Andmat, odlas i alla stater ger en utbredd distribuerade bränslen leverantörsbas. Andmat odlas i en kontrollerad miljö, kan odlas året runt. Vidare ökar nettoavkastningen från varje hektar som används för att odla andmat.

Majs, har bara en skörd per år, och tar över 120 dagar att nå mognad. Andmat, kan ha flera grödor, per år, och i en kontrollerad miljö för nordliga klimat, kan producera andmat året biomassa runt.

Andmat, kan odlas på olönsam mark, inte lämpar sig för traditionellt jordbruk, kraftigt öka mark för odling.

Energisäkerhet, skulle förbättras med en diversifierad energi bas. Biobränslen och särskilt Etanolproduktion, från Duckweed biomassa erbjuder ett mångsidigt och aktivt arbetssökande bas för alla stater. Mångfald i Etanolproduktion marknaden, skapar arbetstillfällen i alla 50 stater, och uppmuntrar konsumtion av lokalt producerat bränsle, av lokala marknader.

Konsumenter, med hjälp av lokalt producerade etanolbränslen, skulle kraftigt minska utländsk energiförsörjning prismanipulation, och stimulera den lokala ekonomin. Lokaliserad Etanolproduktion, med hjälp av andmat vuxit med näringsämnen från organiska avfallsströmmar

Majs, som Etanol råvara har många kostnader och rörliga kostnader för att navigera. Andmat, har kostnader, men erbjuder inkomstströmmar som inte är tillgängliga för majsproduktion. Förmildrande organiskt avfall, och tillhörande minskade koldioxidutsläpp har värde. Intäkter kan genereras av "behandla" avloppsvatten med Duckweed växande dammar (eller miljöer).

Med hjälp av de näringsämnen, bort från avloppsvatten, duckweed syntes fotoprodukter av stort värde, nämligen proteiner, kolhydrater och lipider (oljor).

Andmat, är ett val för bulk biomassa som erbjuder betydande fördelar jämfört med majs. Duckweed fördelar är, lägre energikostnader, lägre vattenresurser, lägre kostnader gödselmedel, inte tävla i Mat marknader, har högre Stärkelse avkastning per hektar, kan odlas, året runt, och i olika lägen.

Corn, som en bulkkälla stärkelse produktion, konkurrerar med livsmedelsmarknaderna, drinks tusentals liter vatten, per gallon Etanol produceras, kräver stora diesel räkningar för att växa, och skörd, kräver stora mängder gödningsmedel, och lägre är näringsvärdet i Majs med flit, för att producera mer stärkelse.

Majs är den nuvarande ledaren i produktion av biomassa för etanol, men kan bara vara genom stora subventioner av offentliga medel. Andmat, med många värdeflöden, erbjuder en konkurrensfördel jämfört med majs, och med ordentlig tillväxt protokoll, kommer att börja ta marknadsandelar.

Duckweeds, erbjuder en väg från avfallsströmmar, i intäkter. Högre värde, genom att behandla avloppsvatten, ta bort fosfor, fast kväve och kalium, inklusive spårelement, mineralsalter och andra viktiga näringsämnen, Duckweeds, producera en gröda som är lätt att skörda, högt i värdefulla proteiner, och rik på lämplig stärkelse för etanolproduktion.

De ekonomiska aspekterna av andmat kommersialisering kommer att baseras på flera strömmar värde. Duckweeds, rik på proteiner, kolhydrater och lipider omvandla avfall, generera inkomster, till bränslen, feeds, och gödselmedel.

Integrera rötkamrarna, som en förbehandling av organiskt avfall, producerar en organisk cykel som omvandlar organiskt avfallsflöden till el, etanol, proteiner och lipider för Flödesmarknader.

Avloppsvatten, från kokaren används som ett utmärkt gödningsmedel, rik på i organiska föreningar, lätt tillgängliga för växterna.

Den ekonomiska framgång Duckweeds, beror på de många "mervärden" som uppnås med Duckweeds. Anges ovan, från gödningsmedel, vattenanvändning, och stärkelse tätheten ökat, Duckweeds erbjuder en överlägsen råvara för etanolproduktion.

Duckweeds, vuxit från animaliskt avfall, presentera den största möjligheten för att diversifiera Etanol bränslebasen, i USA, såväl som på den internationella marknaden, med ökad lokal försörjning. Djur, (fisk, fågel, husdjur), presenterar en guldgruva på näringsämnen, lätt omvandlas genom Duckweeds till värdefulla molekyler, inklusive Aminosyror, proteiner, kolhydrater och lipider (oljor).

Kapitel Sju - Etanol bränsle från Avfallsflöden

En av de bäst bevarade "industriella" hemligheter, är det enorma värde som finns i organiskt avfall. Etanol som produceras från andmat Biomassa, använder en liknande kemisk väg till Corn, med flera fördelar. Andmat, växer på näringsämnen i organiskt avfall, och behöver inte köpas av andmat odlaren. I själva verket kan det Duckweed odlaren få betalt för att ta bort organiska fosfor, kväve och kaliumföreningar från avloppsvatten.

Andmat, omvandlar avfallsströmmar, in i intäktsströmmar.

Organiska avfallsströmmar, är en guldgruva i värdefulla näringsämnen. Fosfor, värderas högt, som en begränsad och viktig kemikalie för Gödsling växter. Kväve, fixerades i föreningar, är en annan värdefull grupp av molekyler som är närvarande i organiska avfallsströmmar. Värda tusentals dollar per ton, näringsämnen släpps, och bortkastade, i många vanliga metoder, till exempel "Broadcasting" rå gödsel på fälten. Eller, vilket gör Animal Avfall ange naturliga vattendrag orsakar septisk, och giftiga förhållanden som leder till lokal ekologisk kollaps.

Andmat, äta oorganiskt avfall, så att säga. Dammar, som är eutrofierade och hypoxisk, är idealiska förhållanden för andmat. Undersök din närmaste Damm på sommaren. Hitta en lugn, skuggig plats, och du är skyldig att se andmat.

Villkor, som skulle kväva andra växter, är idealiska för de Duckweed växter, utvecklats för att frodas i övergödda förhållanden.

Waterways, i USA håller på att bli kvävd med en ständig ström av obehandlat organiskt avfall. Det finns många kända exempel, Chesapeake Bay, sticker ut. Den fågel och svin växande verksamhet, längs Chesapeake Bay, producerar enorma avrinningsvolymer av organiskt avfall.

Obehandlat organiskt avfall, är rika på N: P: K Kväve, fosfor och kalium, samt en mängd andra molekyler, allt från hormoner, enzymer, alla läcker ut i naturliga vattendrag, orsakar hypoxi. Eutrofa vatten sätt, de som har en "obalans" av näringsämnen, är mycket störande för inhemska arter.

Andmat, vuxit från dessa avfallsströmmar, är ett utmärkt sätt att ta ett "problem" och förvandla det till en resurs "lösning." Andmat, utvecklats så framgångsrikt, eftersom ruttnande organiskt material, växt och djur, alltid närvarande i vattendrag, som utmärkt näring, för andmat tillväxten.

Tekniskt sett är ruttnande organiskt material bryts ned av primär nedbrytare, främst bakterier. Bakterier, återge organiskt avfall, in i-organiska former, perfekt för växternas upptagning.

Andmat, har utvecklats, ett symbiotiskt förhållande med vattenbaserade bakterier att frodas utnyttjar oxygenic bakterier i vattnet, producerar oorganiska näringsämnen föreningar, och syre.

OBS: sjöar och dammar, blir hypoxiska (utan syre) eftersom bakterier har förbrukat mest tillgängliga löst syre i vattnet. Beröva inhemska arter av löst syre, som är beroende av syre att andas, och respirate orsakar arter kollaps. Algblomning ansågs orsaka hypoxi, men dess de bakterier som livnär sig på Algblomning, när näringsämnen har utarmat, som orsakar hypoxi.

Organiska avfallsströmmar, finns nästan överallt. Bryggerier, Matberedare, djur, fågel, fisk operationer. Till och med restauranger, stormarknader och andra kommersiella källor av organiskt material kan bearbetas för att odla andmat biomassa.

Andmat, kräver en primär decomposer att bryta ned de organiska molekylerna, in i-organisk form, perfekt för växter att absorbera. Det enkla sättet att göra detta är att kasta en del organiskt material i lite vatten. Eftersom bakterie nedbrytning av organiskt material, in i organiska föreningar, andmat kan frodas.

Det finns många vägar, för att omvandla organiskt avfall till värdefulla näringsämnen.

Rötkammare, är en idealisk metod för att utnyttja organiska avfallsströmmar. Mejeriverksamhet, till exempel, har utmärkt framgång omvandla urea, och gödsel till ett slam som kan rötas.

Rötkammare, finns i flera former. En enkel, hög prestanda design kallas "Plug-Flow" typ.

I en anaerob tank, eller blåsa (utan exponering för luft), urea och gödsel (efter pre-sättning i en sedimenteringsdamm) pumpas in i stora rötkammare Vessel.

Interna bådar flyttar materialet sakta genom tanken, oftast under 30-40 dagar.

Under den tiden har organiskt material som blivit attackerade av "anaeroba" bakterier, som äter de organiska molekylerna rapningar Metangas, och en del CO_2. Metan, (biogas), separeras därefter, och användas som bränsle.

Den viktigaste fördelen är rötkammare konvertera Raw organiskt avfall, inte bara in i metan, som kan användas som ett koldioxidneutralt bränsle, men också producerar högt värde "avloppsvatten" material som blir över. Rötkammare utflödet är rikt på In-organiska former, som gör att växterna att ta till sig, och "upptaget" näringsämnena lätt.

Växter kan ta upp och använda, näringsämnen i i-organisk form. Växter, genom fotosyntesen, "fix" kol, genom att bygga komplexa organiska molekyler (som börjar med glukos), genom att oxidera vatten, och minska CO_2, och använda spårämnen i hela ljusberoende, och ljus-Oberoende sidor av fotosyntes. Spårämnen, vitamin B och mikronäringsämnen, är skyldiga att odla alla växter, inklusive Duckweed, så näringshantering är nyckeln.

Den Calvin-Benson cykeln, beskriver den fysiska fotosyntesen producerar biomassa genom kol fixering, utnyttjad, naturligtvis, av andmat.

The Business av etanol

Traditionella majs råvaror, kräver prime jordbruksmark, enorma vattenresurser, fossilbränslebaserade gödselmedel, fossil diesel lantbruk till, och konkurrerar med traditionella "Food" marknader.

Andmat, baserade råmaterial, använder "marginella" mark, blygsamma vattenresurser, använder gödningsmedel från organiskt avfall, kräver ingen stor gård utrustning för att odla, och inte konkurrera med "mat" marknader.

Andmat, vänder kostnader, till inkomster strömmar, vilket leder till systemiska fördelar i etanolproduktion.

Kapitel åtta - Internationella bränslemarknaden på $ 120 miljarder per dag

Transport marknader för flytande bränslen, är värd miljarder dollar per dag i USA. Den internationella marknaden för drivmedel, inklusive bensin, luftfart, och dieselbränslen, är över $ 120 miljarder per dag. Det är $ 120.000 miljoner, Var 24 timmar.

Den amerikanska Energy Information Office beräknar 120 miljoner fat per dag, oljeförbrukning, över hela världen. Värdera ett fat olja på $ 100, är den flytande marknaden bränslen värd $ 120 miljarder per dag.

Denna enorma marknadsinflytande, (Kassaflödes), dominerar regeringar och internationella relationer, och har spelat en ledande roll i modern historia genom två världskrig, det kalla kriget, och i senaste äventyrlighet i Mellanöstern sedan 1972.

Kol, olja och naturgas kommandon Miljarder per dag, och formar den långsiktiga energianvändningen för planeten Jorden. Toxicitet, bioackumulering och ekonomisk ojämlikhet pekar alla på en ersättning av den fossila industrin. Men tittar mot befintliga fossilbränsleindustrin, för att vara agent för förändring, är kortsiktigt.

Fossila bränslen intressen, är väl medvetna om, om den enorma ekonomiska makt fossilbränslereserver. Men senaste tidens medvetenhet om toxicitet, klimateffekter och ekonomiska skillnader, har drivit några intressen att ompröva den fossila världen.

Andmat, är en naturlig kraftpaket av fotosyntesen. Alla kemikalier som härrör från fossila bränslen, kan härledas "organiskt" genom fotosyntesen. Trots allt, de flesta av fossila bränslen, är gammal biomassa, från fotosyntesen.

Andmat, är en idealisk gröda biomassa. Odlas på torra land, icke-livsmedelsgrödor, och lätt att gödsla med naturlig avloppsvatten, duckweeds, erbjuda världen ett alternativ till fossila bränslen.

Marknadskrafterna, aldrig får tillfälle att gå obemärkt förbi. Kina, till exempel, är en utmärkt kandidat för snabb andmat utnyttjande. Städer, i Kina, har en explosiv problem i omhändertagande av organiskt avfall. Berg, sopor, håller kasseras, och orsaka en miljöfara, locka skadedjur, och låta sjukdoms bering patogener att blomstra.

Rötkammare, är det bästa sättet att ta organiska material, och "bryta ner" dem att producera metangas, och i-organiska gödselmedel. In-organiska föreningar, är de bästa tillgängliga för växter att "upptaget" för näringsämnen.

Den "utflödet" från kokare är perfekt gödsel. Denna kan torkas på plats, för att avlägsna fukt, med hjälp av "avfall" värme från kokaren. Metangas, produceras av rötkammaren, och kan "brännas" i en något modifierad motor för elproduktion. Detta producerar "avfall" värme, som också kan användas för torkning.

Organiskt avfall, är en fråga om föroreningar, och förlorade resurser. Två fåglar, en smäll, är att omvandla de organiska avfall, innan de släpps ut i miljön, i Metangas, för elproduktion, och på-organiskt avloppsvatten, perfekt för gödsling.

Världen kan göra en övergång från "gamla" Carbon, till atmosfäriskt kol. Som marknadsmöjligheter bildar, från högre och högre priser på traditionella bränslen, andmat, som en organisk motor kommer att vinna marknadsandelar.

Toxicitet, bioackumulation, och brist på tillgång för alla människor, gör en fossildrivna civilisation ohållbar. Med hjälp av fotosyntesen, som jorden gör naturligt, som en mekanism för att producera foder, bränsle och gödsel är en väg av eget kapital, icke-toxicitet och hållbarhet.

Duckweeds, har en viktig roll att spela i denna industriella utveckling från FN hållbara metoder, till hållbar tillgång för alla folk, i alla länder, med hjälp av bioteknik, vilket gör användningen av fossila bränslen, ointressant, olönsam i jämförelse, och kommer att göras föråldrad.

Den Duckweed revolution kommer inte bara konkurrera med fossila bränslen, det kommer föråldrade fossila bränslen, som källa för hållbara bränslen som innehåller kol, flöden, och gödningsmedel.

Kapitel Nio - Duckweed Markets i proteiner, kolhydrater och lipider (oljor)

Stora marknader, i bas råvaror, är värdefulla ritning miljarder dollar per dag, i handel. Proteiner, livsviktiga för djur, och mänskliga fodermarknaden är inte bara viktigt, men värdefullt för närvarande handlas råvaror.

Andmat, har en aktiv marknad specialitet nutraceutical marknaden. Ideal, som ett sällskapsdjur för exotiska husdjur, hämtar "Wet" andmat produkt $ 1-2 per ounce. Vid $ 2 per ounce, det är $ 32 per pund. En ton, av andmat, på denna marknad är värd, Detaljhandel, ca $ 64.000. Inte illa för en gröda som växer från organiska avfallsströmmar.

Värdet av andmat, på toppen av biosanering av avfallsströmmar, är Duckweed biomassa. Duckweeds, kan odlas för att maximera en särskild grupp av önskade molekyler. Om du värdesätter proteiner, kan du påverka tillväxten att gynna proteinproduktion (mindre stress). Eller, Duckweeds, kan odlas i "stress" protokoll, som gynnar Kolhydrater produktion. Spårmängder av antioxidanter, och kompletta aminosyror, gör den allmänna "presskaka" av andmat användbart i många produkter.

Specialfodermarknader, såsom för sköldpaddor, exotiska fåglar, ödlor och groddjur, alla nytta av konsumtion av Duckweeds. Högvärdiga avkastning är möjligt, genom att helt enkelt odla andmat (våt), och göra tillgänglig för specialitet fodermarknaden.

Vattenbruk marknader, expanderar kraftigt. Ofta, fisk-bönder, använder Soja baserade produkter för att komplettera proteinet i fiskdiet. Tyvärr är fisken inte utvecklats till att smälta Sojabönor väl, (för mycket fibrer), och orsakar högre än genomsnittliga dödligheten i yngel.

Duckweeds, är perfekt för fiskkonsumtion, och erbjuder en komplett aminosyra profil och källa för korrekt utveckling av organ, kött, och nervsystemet. En gång, duckweeds, separeras in i proteiner, kolhydrater och lipider, kan var och en produktström matas oberoende marknader.

Proteiner, till fisk, fågel, svin och djurfoder marknader. Kolhydrater, för etanolproduktion. Och, omega III, och omega VI lipider för nutraceutical marknader.

Duckweeds, växa snabbt, ta upp näringsämnen från avfallsströmmar, och producera värdefulla aminosyror, proteiner, kolhydrater och lipider. De tre huvudsakliga marknader för Duckweeds, är bränslen, Kanaler och gödselmedel.

Duckweeds, utgör en "industriell" revolution, där avfallsströmmar, omvandlas till intäktsströmmar. Snabbväxande, diversifierad, och praktiskt, Duckweeds, är den mest värdefulla biomassa skörd i praktisk användning. Lång historia, detaljerade studier och århundraden av erfarenhet, visar Duckweeds, att bli nästa heta skörd av biomassa.

Ett mirakel av naturen, Duckweeds, erbjuda verklig kommersiell kraft till olika ekonomier, genom att decentralisera ekologiskt foder, bränsle och gödningsmedel produktion.

Turning Avfall-strömmar, till Revenue-strömmar, Duckweeds, kommer att dyka upp som en överlägsen biobränslen, biogödsel och Nutraceutical källa till primärproduktionen, som i mognad, kommer föråldrad fossilbränslebaserade bränslen, foder och gödningsmedel.